Bibliografische Information der Deutschen Nationalbibliothek:

Die Deutsche Bibliothek verzeichnet diese Publikation in der Deutschen Nationalbibliografie; detaillierte bibliografische Daten sind im Internet über http://dnb.d-nb.de/ abrufbar.

Impressum:

Druck und Bindung: Books on Demand GmbH, Norderstedt Germany
ISBN: 978-3-668-19879-1

Dieses Buch bei GRIN:

http://www.grin.com/de/e-book/320666/krankheitsbild-ursachen-und-behandlung-von-depressionen-ausarbeitung

Janik Bischoff

Krankheitsbild, Ursachen und Behandlung von Depressionen. Ausarbeitung einer ALN im Fach Biologie

GRIN Verlag

Depressionen

ALN im Fach Biologie

12.01.2016

INHALTSVERZEICHNIS

1 KRANKHEITSBILD

Einer akuten depressiven Störung sind sich die meisten Erkrankten überhaupt nicht bewusst. Erkrankte klagen über Schlafstörungen, tiefe Traurigkeit, die bis zu einem Gefühl der „inneren Leere" führt und es kommt oft auch zu Suizidgedanken oder sogar Suizidversuchen. Selbst Tätigkeiten, die einem zuvor Spaß bereiteten, kann und will man nur noch unter großer Anstrengung erledigen und aufgrund der hohen Energie- und Antriebslosigkeit werden Aufgaben im Alltag oft vernachlässigt oder gar nicht mehr wahrgenommen.

Laut der „Internationalen statistischen Klassifikation der Krankheiten und verwandter Gesundheitsprobleme" (ICD), wird eine Depression als affektive Störung klassifiziert.

Bei einer affektiven Störung handelt es sich um eine psychische Störung, bei der es über einen längeren Zeitraum zu einer Veränderung der Stimmung des Erkrankten kommt. Dieser Stimmungswechsel in einer so genannten depressiven Episode kann oft mit traumatischen oder belastenden Ereignissen in Verbindung gebracht werden.

Die Hauptsymptome einer depressiven Episode sind nach der ICD-10

- depressive Stimmung
- Interessenverlust, Freudlosigkeit
- Antriebsmangel, erhöhte Ermüdbarkeit

Weitere Symptome, die sogenannten Nebensymptome sind:

- „verminderte Konzentration und Aufmerksamkeit
- vermindertes Selbstwertgefühl und Selbstvertrauen
- Schuldgefühle und Gefühle von Minderwertigkeit
- negative und pessimistische Zukunftsperspektiven" (https://de.wikipedia.org/wiki/Depression)
- Suizidgedanken oder -handlungen
- Schlafstörungen
- verminderter Appetit

(http://www.doccheck.com/de/publish/document/fullscreen/id/1618/)

Nach ICD-10 wird der Schweregrad einer Depression nach der Anzahl der vorliegenden Symptome bestimmt:

- Leichte Depression: zwei Hauptsymptome und zwei Zusatzsymptome
- Mittelschwere Depression: zwei Hauptsymptome und drei bis vier Zusatzsymptome
- Schwere Depression: drei Hauptsymptome und fünf oder mehr Zusatzsymptome

2 Ursachen

Warum eine Depression entsteht, ist noch nicht genau geklärt. Fest steht jedoch, dass egal welche traumatischen oder belastenden Ereignisse man durchlebt hat, der Auslöser für eine Depression ist immer auf eine Veränderung im zentralen Nervensystem zurückzuführen, da auch hier Emotionen wie Glück und Traurigkeit erzeugt werden.

Gegenstand der am weitesten verbreiteten Annahmen für die Entstehung von Depressionen ist daher die geringere Konzentration von Neurotransmittern wie Serotonin, Dopamin und Noradrenalin.

2.1 Informationsübertragung an der Synapse

Um die Funktionsweise von Neurotransmittern verstehen zu können und warum es so problematisch sein kann, wenn ein Mangel an Neurotransmittern herrscht, muss man zunächst die Informationsübertragung an der Synapse verstehen.

Eine Synapse besteht eigentlich aus drei Teilen. Zum einen aus der prä-, also der vorgeschaltenen und der postsynaptischen, der nachgeschaltenen, Nervenzelle. Zwischen den beiden Zellen liegt der synaptische Spalt, der nur wenige Nanometer groß ist. Diese Stelle ist also die eigentliche Synapse, denn hier kommunizieren die Nervenzellen mit einander.

Trifft ein Aktionspotential also an einer präsynaptischen Endigung ein, wird die Zellmembran dieser depolarisiert. Dadurch öffnen sich spannungsabhängige Ca 2+ Kanäle in der Membran. Calcium diffundiert nun in die Zelle. Durch die gestiegene Ca 2+ Konzentration im Zellinneren werden synaptische Vesikel veranlasst mit der Zellmembran zu verschmelzen. Diese Vesikel beeinhalten die oben erwähnten Neurotransmitter wie zum Beispiel Serotonin. Die mit der Membran verschmolzenen Vesikel entlassen die Neurotransmitter in den Bereich zwischen den beiden Nervenzellen, welcher als „synaptischer Spalt" bezeichnet wird. Die Transmitter diffundieren durch den Spalt und sind spezifisch für Rezeptoren in der postsynaptischen Membran. Wenn nun also der passende Transmitter an einen spezifischen Rezeptor bindet, öffnen sich Na+ Kanäle, die sich ebenfalls in der Membran befinden. Die Kanäle bleiben so lange geöffnet, wie

Transmitter im Spalt vorhanden sind, und so lange strömt auch das sich im synaptischen Spalt befindliche Na+ in die postsynaptische Zelle ein. Dadurch kommt es zu einer Weiterleitung des Aktionspotentials.

Wurde das Signal weitergeleitet, treten zwei Ereignisse ein. Zum einen wird der Neurotransmitter, der an den Rezeptoren der postsynaptischen Membran bindet, nach einiger Zeit wieder abgebaut, um keine Dauererregung an der postsynaptischen Membran zu verursachen. Gleichzeitig binden auch Neurotransmitter an Rezeptoren in der präsynaptischen Zelle, um das Ausschütten von weiteren Neurotransmittern in den synaptischen Spalt zu beenden. Zum andern werden die Neurotransmitter, die sich noch im synaptischen Spalt befinden, zurück in die präsynaptische Zelle gebracht. Das geschieht durch bestimmte Transportproteine. In der präsynaptischen Zelle werden die Neurotransmitter entweder enzymatisch abgebaut oder wieder in Vesikel verpackt.

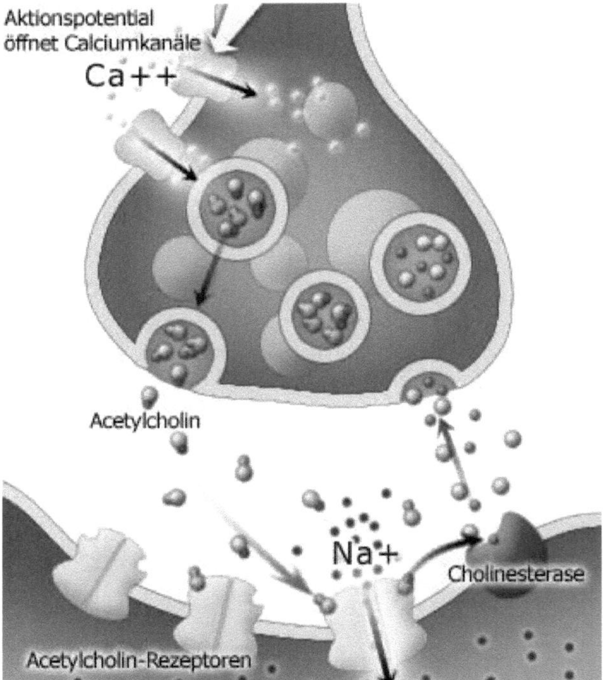

Darstellung der Informationsübertragung an der Synapse

(http://www.lukashensel.de/biomain.php?biopage=erregungsyn)

2.2 Monoamin Mangel Hypothese

Monoamine sind Neurotransmitter, die eine Aminogruppe enthalten. Beispielhaft hierfür sind Dopamin, Noradrenalin und Serotonin, die Grundlage der Monoamin Mangel Hypothese sind.

Die Monoamin Mangel Hypothese sagt im Grunde aus, dass ein Mangel an Monoaminen die Ursache von Depressionen ist. Die Serotonin Mangel Hypothese ist eine Weiterentwicklung dieser Hypothese und auch die, auf die ich am ausführlichsten eingehen werde.

2.3 Serotonin

Serotonin, dessen chemische Bezeichnung 5-Hydroxytryptamin ist, wird über die Zwischenstufe L-5-Hydroxytryptophan aus der essentiellen Aminosäure Tryptophan synthetisiert. Tryphtophan kann, da sie eine essentielle Aminosäure ist, nicht vom menschlichen Körper selbst hergestellt werden und muss daher durch Tryptophanhaltige Nahrung hinzugefügt werden.

Serotonin kommt zu 90% in der Darmregion vor und lediglich 10% des Serotonin-gehaltes findet Anwendung im Gehirn. Dort dient es aber als wichtiger Neurotransmitter und leitet Signale zwischen Nervenzellen weiter. Die höchste Konzentration an serotonergen Neuronen findet sich in den Raphekernen nahe des Mittelhirns. Von dort aus reichen die serotonergen Neuronen in nahezu alle Bereiche des Gehirns.

Als serotonerge Neuronen versteht man alle Neuronen, die Serotonin zur Ausschüttung verwenden. Die Gesamtheit der serotonegren Neuronen wird als serotonegres System bezeichnet.

Dieses System reicht vom Stammhirn bis ins Mittelhirn und das Rückenmark. Im Rückenmark ist Serotonin an der Hemmung des Schmerzempfindens beteiligt. Weitere serotonegre Neuronen beeinflussen Prozesse der Gedächtnissleistung und dem Sexualverhalten. Eine der wichtigsten Aufgaben ist allerdings das Dämpfen der Stimmungslage so zum Beispiel Gefühlszustände wie Angst, Kummer und Aggressivität. So ist Serotonin eine der wichtigsten Antworten unseres Körpers auf Stress.

2.4 SEROTONIN MANGEL HYPOTHESE

Zu einem Problem kann es werden, wenn es zu einer Dysfunktion des serotonegren Systems kommt. So stellte unter anderem der Mediziner Alec Coppen bereits im Jahr 1969 die Theorie auf, dass der Mangel des Neurotransmitters Serotonin die Ursache für das Entstehen von Depressionen sei.

Der Grund für diese Annahme war, dass in der Hirn-Rückenmarksflüssigkeit von Erkrankten ein erniedrigter Anteil von 5-Hydroxyindolylessigsäure (5-HIAA) nachgewiesen werden konnte, welches ein Abbauprodukt von Serotonin darstellt. Diese Beobachtung lässt den Schluss zu, dass weniger Serotonin im synaptischen Spalt der Erkrankten vorkommt. Daher muss eine verminderte Serotonin Synthese vorliegen.

Wie entsteht aber dieser Mangel an Serotonin? Hierfür kann es mehrere Gründe geben. Zum einen wäre da die Möglichkeit, dass der Körper von Betroffenen von Natur aus weniger Serotonin produziert, was wiederum durch ein nicht intaktes Gen verursacht werden kann. Ein anderer Grund könnte sein, dass dem Gehirn zu wenig Tryptophan zur Verfügung steht, um genügend Serotonin herzustellen. Das ist laut neuesten Forschungen dann der Fall, wenn die Aktivität eines bestimmten Enzyms, dass Tryptophan abbaut, um es zu Serotonin umzuwandeln, gehemmt ist.

2.5 NORADRENALIN MANGEL HYPOTHESE

Noradrenalin gehört, wie Serotonin auch zu den Monoaminen. Im Gegensatz zu Serotonin ist Noradrenalin jedoch ein Katecholamin, dass enzymatisch aus Dopamin entsteht. Der Ausgangsstoff ist L-Tyrosin, der über L-Dopa zu Dopamin und letztendlich zu Noradrenalin wird. Das bedeutet, die Konzentration von Noradrenalin ist abhängig von der Konzentration von Dopamin.

Zu den wichtigsten Aufgabenbereichen von Noradrenalin gehören die Kontrolle über Aufmerksamkeit und den Wachheitsgrad.

Wie bei Serotonin kam die Noradrenalin Mangel Hypothese auch durch die Entdeckung eines Medikaments, beziehungsweise dessen Wirkung, zustande.

Bei vielen Suizidopfern konnte man in der Hirnrinde eine ungewöhnlich hohe Konzentration von Noradrenalin feststellen. Diese Beobachtung lässt darauf schließen, dass diese zuvor einen Mangel an Neuroadrenalin hatten und der Körper so versucht hat diesen Mangel zu kompensieren. Jedoch scheint es hauptsächlich bei Personen mit manischen Episoden zu einer solchen Überfunktion des noradrenergen Systems zu kommen. Bei untersuchten Personen mit einer rein depressiven Störung konnte man sogar eine Unterfunktion des noradrenergen Systems feststellen.

Auch, dass bei manchen depressiv Erkrankten eine verkleinerte Nebenniere, dem Hauptproduzenten von Noradrenalin, festzustellen ist, lässt den Schluss zu, dass der Mangel von Noradrenalin, wie bei Serotonin, zu einer depressiven Erkrankung beitragen kann.

Gerade, weil auch das Transmittersystem von Noradrenalin bei Menschen mit einer depressiven Störung gestört ist, wird heute von „einer Dysbalance verschiedener Systeme ausgegangen“ (Depressionen: Krankheitsbild und Therapie, von Norbert Müller,Dorothea Strobach S.18 Z. 9-10). Auch im Hinblick auf diese Erkenntnisse sollte der Gebrauch von SSRI als beforzugtes Therapiemittel überdacht werden.

2.6 Dopamin Mangel Hypothese

Obwohl es sich bei Dopamin auch um ein Monoamin handelt, spielt die Dopamin Mangel Hypothese bei der Entstehung von Depressionen eine untergeordnete Rolle. Viel wichtiger ist sie bei der Erklärung einer weiteren affektiven Störung, der Schizophrenie.

3 Behandlung

Die Wirkungsweise der meisten Antidepressiva wurde zufällig entdeckt. Aus den Wirkungsweißen dieser Medikamente ließen sich die ersten Schlüsse zu den Entstehungen von Depressionen ziehen.

3.1 Trizyklische Antidepressiva

Während man an einem Mittel gegen die Lungenkrankheit Tuberkulose arbeitete bemerkte man, dass eines der erprobten Mittel stimmungsaufhellend wirkte. Durch eine genauere Untersuchung des Stoffes konnte man feststellen, dass ein Wirkstoff des Medikamentes die Wiederaufnahme von Monoaminen verhinderte. Genauer gesagt wurde der Rücktransport und die enzymatische Spaltung von Neurotransmittern der Gruppe der Monoamine verhindert.

Daraus entwickelte sich die Annahme, dass eine Depression hauptsächlich durch einen sehr niedrigen Anteil von Monoaminen im synaptischen Spalt verursacht wird. Demnach ging man davon aus, dass der Mangel aller Monoamine zu einer depressiven Störung beiträgt. Trizyklische Antidepressiva werden auf Grund ihrer Wirkungsweise auch als nicht selektive Monoamin-Wiederaufnahmehemmer bezeichnet, verhindern also die Wiederaufnahme von Serotonin, Dopamin und Noradrenalin.

Aus diesem Grund wurden die Trizyklischen Antidepressiva schon bald nicht mehr als hauptsächliches Antidepressiva genutzt, da sie große Nebenwirkungen mit sich bringen. Heute werden Triziklische Antidepressive bei sehr schweren Störungen und in seltenen Ausnahmefällen genutzt.

3.2 Selektive Serotonin-Wiederaufnahmehemmer

Das Medikament, dass aus der Entdeckung der Trizyklischen Antidepressiva hervorging waren die selektiven Serotonin-Wiederaufnahme-Hemmer (SSRI).

Ihre Wirkungsweise ist der der Trizyklischen Antidepressiva sehr ähnlich. Sie blockieren im Gegensatz zu den nicht selektiven Monoamin-Wiederaufnahmehemmer aber gezielt, also selektiv, die Wiederaufnahme des Neurotransmitters Serotonin in die präsynaptische

Zelle. Dazu binden die Wirkstoffe der SSRI an den Serotonintransporter SERT, der Serotonin aus dem synaptischen Spalt zurück in die präsynaptische Zelle befördert. Dadurch wird das Serotin dazu veranlasst, länger im synaptischen Spalt zu verweilen und bleibt so länger tätig.

3.3 KRITIK

Während man nach der Entdeckung der Monoamin Mangel Hypothese und der Entwicklung von SSRIs gedacht hatte, man hätte Depressionen schon so gut wie besiegt, ist man heute wieder weit entfernt von diesem Gedanken.

Eine der größten Kritiken an der Wirksamkeit von SSRIs ist nämlich der Umstand, dass, obwohl die Serotonin Konzentration schon Stunden nach der Einahme um ein Vielfaches steigt, eine Besserung der Krankheit, laut Patienten, erst nach einigen Wochen spürbar ist. Das bedeutet, dass der Mangel an Serotonin keinen so großen Einfluss auf die Krankheit haben kann oder überhaupt nicht ausschlaggebend ist.

Neueren Modellen zufolge ist die Wirksamkeit der SSRIs daher gegeben, da sich so eine langfristige Stabilisierung des gesamten Transmitterstems einstellt.

Auch die Wirksamkeit und Notwendigkeit von SSRIs ist laut einigen Forschen nicht ersichtlich. Das liegt unter anderem an Experimenten, die durchgeführt wurden, um den Serotoninspiegel bei Depressiven und bei nicht Erkrankten vergleichend zu untersuchen. Die Untersuchungen, die über einen langen Zeitraum geführt wurden ergaben, dass es keinen einheitlichen Wert für die Serotoninkonzentration gibt. Durch weitere Experimente, bei denen SSRIs an nicht erkrankten Menschen getestet wurde, konnte auch kein Nachweis dafür erbracht werden, dass sich Serotonin überhaupt direkt auf die Stimmungslage auswirkt.

4 Weitere Ursachen

Obwohl die Monoamin Mangel Hypothes eine der am besten erforschtesten möglichen Ursachen für Depressionen ist, gibt es natürlich noch weitere Theorien, die Gegenstand wissenschaftlicher Untersuchungen sind.

4.1 Erbliche Disposition

Einer dieser weiteren Faktoren, die die Entstehung einer depressiven Störung begünstigen, ist die erbliche Disposition. Das bedeutet, dass die Wahrscheinlichkeit an einer Depression zu erkranken bei Menschen, deren nahe Verwandte bereits an einer Depression erkrankt sind, wesentlich höher ist, als bei Menschen ohne vergleichbare Fälle in der Familie. So beträgt die Wahrscheinlichkeit für Kinder, deren beiden Elternteile depressiv erkrankt sind, selbst zu erkranken, bereits 50%.

Es ist jedoch noch nicht belegt, welches Gen genau das „Depressions-Gen“ ist, welches ausschlaggebend für die Erkrankung ist. Jedoch sind die Gene, die an der Produktion und Synthese von Serotonin beteiligt sind, diejenigen welche in der heutigen Wissenschaft am meisten im Bezug auf depressive Erkrankungen untersucht werden.

4.2 Gehirn Struktur

Durch Untersuchungen der Gehirnstruktur von depressiv Erkrankten konnte festgestellt werden, dass eine depressive Störung einhergeht mit Veränderungen von Struktur und Volumen einiger Bereiche des Gehirns.

4.2.1 Hippocampus

Besonders sticht hier der Hippocampus hervor. Der Hippocampus liegt innen am Boden der Seitenventrikel des Temporallappen, einem der vier großen Lappen des Großhirns.

Vor allem bei der Fähigkeit, sich neue Dinge zu merken spielt er eine große Rolle. Ohne die Funktion des Hippocampus würde uns kein Langzeitgedächtnis zur Verfügung stehen, mit dem wir uns Wissen über einen längeren Zeitraum aneignen können. Darüber hinaus weist er die aufgenommen Informationen und Gedächtnissinhalte den entsprechenden Arealen im Gehirn zu.

Neben der Steuerung unserer Erinnerungen übernimmt der Hippocampus auch eine Rolle in der Wahrnehmung unserer Gefühle. Er bestimmt so unter anderem unser Sozialverhalten und die Verarbeitung von Furcht. Der Hippocampus gilt so gleichzeitig als Zentrum für unsere Erinnerung und unsere Stimmung.

Forschungsergebnissen zu folge sind die beiden Hippocampi bei depressiven Testpersonen im Verlgeich zu normalen Testpersonen um bis zu 10% verkleinert. Dieser Effekt ist laut neuren Forschungen allerdings nicht unbedingt Ursache, sondern eine Folge von besonders starken Depressionen. So konnte bei einem groß angelegten Versuch lediglich bei Betroffenen, die schon über einen sehr langen Zeitraum erkrankt sind, eine Verkleinerung festgestellt werden. Ein verkleinerter Hyppocampus könnte so eine Veränderung der Wahrnehmung unserer Gefühle verursachen. In Verbindung mit Antidepressiva und vor allem bei Tests mit Selektiven Wiederaufnahme Hemmern, hat sich gezeigt, dass sich diese Verkleinerung bei Einsatzt der Antidepressiva wieder umkehrt. Der Grund dafür könnte sein, dass sich mehr serotonegre Neuronen im Bereich des Hippocampus bilden.

Eine andere Theorie besagt, dass manche Menschen von Geburt an einen kleineren Hippocampus haben und deshalb anfälliger für Depressionen sind.

4.2.2 Raphe Kerne

Auch die, schon bei der Serotonin Mangel Hypothese erwähnten, Raphe Kerne sind Gegenstand von Theorien zur Ursache von Depressionen. So sind zum Beispiel die Raphe-Kerne oft nicht so stark ausgeprägt. Da die Raphe-Kernen über den ganzen Hirnstamm verteilt sind und in viele verschiedene Bereiche des Gehirns reichen und unter anderem auch für die Schmerz- und Bewustseinsregulation zuständig sind, könnte eine verminderte Funktion dieser Raphe- Kerne zu Symptomen einer Depression beitragen.

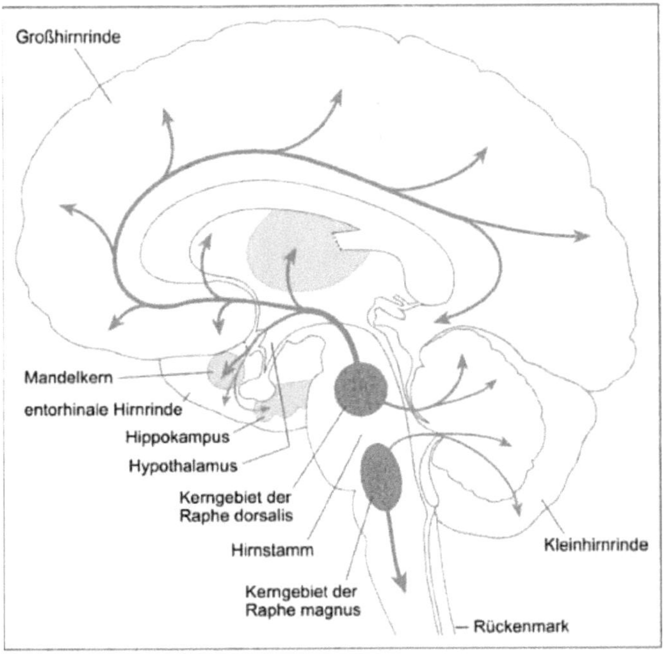

Darstellung des Gehirns mit Hippocampus und Raphe-Kernen (in: *Das Rätsel Depression: eine Krankheit wird entschlüsselt von Ulrich Hegerl, David Althaus, Holger Reiners)*

4.3 Stress und psychologische Ursachen

Neben den Abläufen in unserem Gehirn, die teilweise genetisch bestimmt sind, können eine Reihe von äußeren Einflüssen auch zur Entstehung einer Depression beitragen.

Es wurden mittlerweile Belege dafür gefunden, dass chronischer Stress die Bildung von Synapsen im Frontalhirn hemmt. Auch das kann ein Grund dafür sein, dass bestimmte, bereits erwähnte Bereiche im Gehirn, bei depressiv Erkrankten zu „schrumpfen“ scheinen. Dementsprechend können sich auch traumatische Erlebnisse auf unsere Psyche und die Vorgänge in unserem Gehirn auswirken.

Aufgrund der unglaublichen Komplexität des menschlichen Gehirns kann man keine allgemeingültige Ursache für das Entstehen von Depressionen festlegen. Auch heute, 40 Jahre nach dem Aufstellen der ersten Hypothesen für die Ursachen einer depressiven Störung, ist dieses Rätsel noch nicht gelöst.

5 QUELLEN

Krankheitsbild

http://www.icd-code.de/icd/code/F30-F39.html

http://www.doccheck.com/de/publish/document/fullscreen/id/1618/

Informationsübertragung an der Synapse

AB: Gruppenarbeit Bau und Funktion der chemischen Synapse

Serotonin

https://portal.hogrefe.com/dorsch/serotonin-serotonerges-system/

http://www.diss.fu-berlin.de/diss/servlets/MCRFileNodeServlet/FUDISS_derivate_000000003260/1_Kapitel1.pdf.pdf?hosts=

Monoamine

http://www.spektrum.de/lexikon/biologie/monoamine/43702

Serotonin Mangel Hypothese

Neuropsychologie der Depression (Fortschritte der Neuropsychologie) von Thomas Beblo (Autor), Stefan Lautenbacher

Neurotransmitter und menschliches Verhalten W. Birkmayer

Das Rätsel Depression: eine Krankheit wird entschlüsselt von Ulrich Hegerl,David Althaus,Holger Reiners

http://www.imd-berlin.de/fachinformationen/diagnostikinformationen/serotoninmangel-und-depression.html

http://hss.ulb.uni-bonn.de/2011/2561/2561.pdf

http://www.spektrum.de/magazin/neurobiologie-der-depression/824729

http://psychiatriegespraech.de/psychische_krankheiten/depression/depression_aetiologie/

Noradrenalin

http://www.spektrum.de/magazin/neurobiologie-der-depression/824729

Dopamin

https://de.wikipedia.org/wiki/Dopamin

Behandlung

http://www.navigator-medizin.de/depression/die-wichtigsten-fragen-und-antworten-zu-depression/selektive-serotonin-wiederaufnahme-hemmer-ssri/398-wie-wirken-selektive-serotonin-wiederaufnahme-hemmer-ssri.html

http://flexikon.doccheck.com/de/Trizyklische_Antidepressiva

http://www.netdoktor.at/therapie/antidepressiva-8588

Kritik

http://www.nejm.org/doi/full/10.1056/NEJMsa065779#t=articleTop

http://www.depression-heute.de/vorurteile/serotonin/serotonintheorie-widerlegt.html

http://psychiatriegespraech.de/psychische_krankheiten/depression/depression_aetiologie/

Erbliche Disposition

http://psychiatriegespraech.de/psychische_krankheiten/depression/depression_aetiologie/

Gehirn Struktur

Natura

http://www.spektrum.de/lexikon/neurowissenschaft/hippocampus/5439

https://www.dasgehirn.info/entdecken/anatomie/der-hippocampus

http://www.anatomie.uni-tuebingen.de/project/projII/Neuroassistant/nuclei_deu/text/ncc_raphae_txt.htm

Stress

http://psychiatriegespraech.de/psychische_krankheiten/depression/depression_aetiologie/

Bilder

Das Rätsel Depression: eine Krankheit wird entschlüsselt von Ulrich Hegerl, David Althaus, Holger Reiners

http://www.lukashensel.de/biomain.php?biopage=erregungsyn